BEI GRIN MACHT SICH IHR WISSEN BEZAHLT

- Wir veröffentlichen Ihre Hausarbeit, Bachelor- und Masterarbeit

- Ihr eigenes eBook und Buch - weltweit in allen wichtigen Shops

- Verdienen Sie an jedem Verkauf

Jetzt bei www.GRIN.com hochladen und kostenlos publizieren

Bibliografische Information der Deutschen Nationalbibliothek:

Die Deutsche Bibliothek verzeichnet diese Publikation in der Deutschen Nationalbibliografie; detaillierte bibliografische Daten sind im Internet über http://dnb.d-nb.de/ abrufbar.

Dieses Werk sowie alle darin enthaltenen einzelnen Beiträge und Abbildungen sind urheberrechtlich geschützt. Jede Verwertung, die nicht ausdrücklich vom Urheberrechtsschutz zugelassen ist, bedarf der vorherigen Zustimmung des Verlages. Das gilt insbesondere für Vervielfältigungen, Bearbeitungen, Übersetzungen, Mikroverfilmungen, Auswertungen durch Datenbanken und für die Einspeicherung und Verarbeitung in elektronische Systeme. Alle Rechte, auch die des auszugsweisen Nachdrucks, der fotomechanischen Wiedergabe (einschließlich Mikrokopie) sowie der Auswertung durch Datenbanken oder ähnliche Einrichtungen, vorbehalten.

Impressum:

Copyright © 2018 GRIN Verlag
Druck und Bindung: Books on Demand GmbH, Norderstedt Germany
ISBN: 9783668662476

Dieses Buch bei GRIN:

https://www.grin.com/document/417040

Michael Dienst

Halbtaucherboard zum Liegendpaddeln mit Unterwasserteil

Transactions in Suffering Innovations T16 SI743

GRIN Verlag

GRIN - Your knowledge has value

Der GRIN Verlag publiziert seit 1998 wissenschaftliche Arbeiten von Studenten, Hochschullehrern und anderen Akademikern als eBook und gedrucktes Buch. Die Verlagswebsite www.grin.com ist die ideale Plattform zur Veröffentlichung von Hausarbeiten, Abschlussarbeiten, wissenschaftlichen Aufsätzen, Dissertationen und Fachbüchern.

Besuchen Sie uns im Internet:

http://www.grin.com/

http://www.facebook.com/grincom

http://www.twitter.com/grin_com

„Transactions in suffering Innovations"

Ideen verbrennen im Park

Der Wedding ist heute wunderschön
und ich fühl` mich seltsam stark.
Was hält mich da noch im Labor?
Wir gehen zum Led Zeppelin,
der gefällt mir mehr als je zuvor,
bei ungefähr tausend Kelvin.
Komm, lass uns Patente verbrennen im Park.

Mi. Berlin 2016

Den Ausführungen sei ein Traktat vorangestellt. Die Textbeiträge zum Stand der Technik und den „Transactions in Suffering Innovations" besitzen ein dynamisches Format und sind, beginnend im November 2016, in folgender Weise geordnet und Überschrieben:

Titel:	Artefakt
Untertitel:	Transactions in Suffering Innovations T[NUMMER]SI[Mi-KENNUNG]
Datum:	Freigabe
Prolog	[Kontext]
Kerntext	[Technische Beschreibung]
Epilog	[Hintergründe und Dialoge]

Traktat

über die Beiträge zum Stand der Technik und zu den „Transactions in Suffering Innovations"

Die „Transactions in Suffering Innovations" bilden eine Sammlung von Schriften über Artefakte im Themenfeld Biologie & Technik, die in loser Reihenfolge erscheint. Es besteht durchaus die Absicht, den Stand der Technik zu verändern.

Gegenstand der Beiträge zu den Schriften der „Transactions in Suffering Innovations" sind Artefakte, Problemlösungen, Gestaltungsfragen und die kritische Auseinandersetzung mit Themen der Bionik, also Technik nach Vorbildern aus der belebten und unbelebten Natur und ihre Umsetzung. In ausgesuchten Fällen sind Technische Beschreibungen nach Standards des Deutschen Patent und Markenrechts[1] verfasst.

Mit den „Transactions in Suffering Innovations" soll der Fortschritt auf dem Gebiet der angewandten Bionik dadurch gefördert werden, dass die dargestellten notleidenden Artefakte, Problem- und Gestaltungslösungen frei von Rechten Dritter sind und mit ausdrücklicher Genehmigung dem Leser zur Nutzung verfügbar werden.

In den „Transactions in Suffering Innovations" werden ausschließlich Artefakte offeriert, die nicht unter das Arbeitnehmererfindungsgesetzes ArbErfG[2] fallen oder in der Vergangenheit fielen.

Die in den „Transactions in Suffering Innovations" dargestellten Artefakte sind insofern notleidend, da sie einerseits aus materieller Not nicht weiterverfolgt werden, ein Umstand der sich vielleicht wieder ändern mag. Andererseits sind die dargestellten Artefakte notleidend, weil sie möglicherweise auftretender oder voranschreitenden geistigen Umnachtung zum Opfer zu fallen drohen; ein Umstand der sich wohl nicht mehr ändern wird.

Als Übergeordneter Absicht gilt es solche Forschung anzustoßen, die Lösungswege der Übertragung biologischer Phänomene untersucht und Fragestellungen betrifft, die im Zusammenhang stehen mit Natur und Technik.

Die Beiträge zum Stand der Technik und den „Transactions in Suffering Innovations" sind in deutscher Sprache verfasst. Dem Text wird gegebenenfalls eine teilweise oder vollständige Übersetzung in englischer Sprache beigestellt. In einer Ausgabe der Schriftensammlung wird jeweils nur ein Werk platziert. Den Ausführungen wird gegebenenfalls ein Prolog vor und ein Epilog nachgestellt.

Mi. Dienst

---

[1] https://www.dpma.de/patent/anmeldung/index.html
[2] Am 7. Februar 2002 trat die Novellierung des Arbeitnehmererfindungsgesetzes ArbErfG in Kraft.

Titel: **Halbtaucherboard zum Liegendpaddeln mit Unterwasserteil**

Untertitel: Transactions in Suffering Innovations T16 SI743
13. März 2018

Technische Beschreibung

Halbtaucherboard zum Liegendpaddeln mit Unterwasserteil

Die Erfindung betrifft ein Wellenreitbrett Halbtaucherboard zum Liegendpaddeln (Body-Board benannt nach Stand der Technik) mit einem Unterwasserbauteil, das die klassische Finne der das Finnensystem vom Stand der Technik substituiert. Das Unterwasserbauteil ist dadurch gekennzeichnet, dass die Konstruktion einen Bugteil in Gestalt einer Schiene (RAIL) und ein Heckteil in Gestalt einer Finne (FIN) besitzt. Die Erfindung betrifft die Lehre über die Integralkonstruktion des Unterwasserbauteils: Rail-Fin-Intergration, nachfolgend RFI benannt, Surfboard und Unterwasserbauteil nachfolgend Surfsystem benannt. Schiene und Finne sind kompakt und robust und aus widerstandsfähigen, natürlichen und recylingfähigen Materialien gefertigt.
Die Surfsystem-Gesamtkonstruktion ist lateralsymmetrisch ausgeführt. Gestaltungsmotiv (Design Intent) ist die Resistenz des Surfboards gegen die so genannte LURCHING-Bewegung des Surfsystems.

Stand der Technik. Surfboards und Body-Boards
Surfboards und Body-Boards vom Stand der Technik werden als in erster Linie aufgleitende Schwimmgeräte konstruiert und betrieben. Sie sind in diesem Sinne und von ihrer Art her keine Halbtaucher in Konstruktion und Betrieb. Halbtaucher besitzen eine mehr oder weniger groß dimensionierte Lateralfläche die einen Beitrag leistet das seefahrzeug (mehr oder weniger) zu stabilisieren.

Stand der Technik. Leitflächen an Surfboards und Body-Boards
Surfboardfinnen sind als Leit- und Steuertragflächen im Bereich des Hecks eines Surfboards wirksam. Für die Montage von unterschiedlichen Finnen an Surfboards sehen die Hersteller unterschiedlich standardisierte Einbauflansche vor.
Bei Surfboards in Fahrt und beim Manövrieren ist neben der hohen mechanischen Belastung der strömungsmechanisch wirksamen Bauteile im Bereich des Unterwasserschiffes die optimale und an Strömungswiderständen arme Funktionsweise entscheidend für die Fahr-leistung. Grundsätzlich sind bei leistungsoptimierten Seefahrzeugen vom Stand der Technik und all ihren Bauteilen Robustheit, Formhaltigkeit, Funktion und Lebensdauer bei geringem Gewicht von Bedeutung.
Zum Lateralplan eines Seefahrzeugs zählen alle fluidmechanisch wirksamen Leitflächen im Unterwasserbereich. Bei Surfboards vom Stand der Technik gehören die als Leitflächen ausgeführten Finnen am Heck zum Lateralplan. In Fahrt bilden fluidmechanisch wirksame Leitflächen im Unterwasserbereich mit symmetrischem Profil nach Stand der Technik dann einen fluiddynamisch wirksamen Tragflügel aus, wenn eine nicht axiale Anströmung gegeben ist. Dies gilt insbesondere für Surfboardfinnen mit einem schlanken Flügelprofil (Dicke d: $5\% < d < 10\%$ der Profiltiefe t) und symmetrischem Profil nach Stand der Technik.

Die aus dem hydrodynamischen Auftriebsgebaren der Surfbrettfinnen resultierende Quer-kraft wird beim Manövrieren genutzt. Surfbrettfinnen nach Stand der Technik sind üblicher-weise aus (symmetrisch profiliertem) Vollmaterial. Für das Flügelende der Leit- und Steuer-tragfläche, insbesondere den Randbogen (die Kontur des vom Surfbrettkörper abweisenden, freien Surfbrettfinnenflächenendes) sind unterschiedliche Formen bekannt.

Stand der Wissenschaft und der Technik. Stabilität in Fahrt.
Grundsätzlich gilt: Die Stabilität eines halbtauchenden Seefahrzeugs korreliert mit dem Widerstandsvermögen gegen translatorische und rotatorische Bewegungen des Schwimm-systems. Dies gilt auch für Surfboards, die im Betrieb eher auf der Wasseroberfläche aufgleiten und nur zu bestimmten Zuständen als halbtauchende Seefahrzeuge angesehen werden. Schiffstabilität besitzt keine physikalisch objektive Bedeutung wie etwa die Begriffe Kraft, Moment oder Masse. Stabilität hängt vielmehr von subjektiven Größen ab, etwa dem Bezugssystem. Deshalb kommt es sehr darauf an, welche Eigenschaften und Merkmale man für die Feststellung der Stabilität eines maritimen Systems auswählt.
Ein gestalterisches Merkmal jedes Schiffes ist sein Lateralplan. Der Lateralplan eines Schwimmsystems beinhaltet viele Informationen über die Größe und die Verteilung der benetzten Fläche in Fahrt. Der Lateralplan ist die Projektion des Unterwasserschiffs in der X-Z-Ebene eines körperfesten Koordinatensystems - dem Bezugssystem nach Lagrange - des Halbtauchers in Fahrt.
In der einschlägigen Literatur wird dem Lateralplan eine bedeutsame Rolle bei der Herstellung passiver Stabilität eines Seefahrzeugs in Fahrt einberaumt. Die passive Stabilität korreliert mit der gleichsam subjektiv beschriebenen Seetauglichkeit eines Schwimm-systems.
Von grundsätzlicher Bedeutung sind Form und Größe des Rumpfes (des Seefahrzeugs), Masse und Masseverteilung des Fahrsystems (Trimmung) und das dynamische Verhalten (z.B. bei Kursänderungen und bei hoher Geschwindigkeit).
Eine grobe Einteilung der Schiffsbewegungen beim Manövrieren und in Fahrt benennt das Rollen oder Rotationsschlingern (ROLL), entsprechend einer Rotation um die X-Achse, das Stampfen und Nicken (PITCH), entsprechend einer Rotation um die Y-Achse und das Gieren (YAW) entsprechend Rotation um die Z-Achse. Des Weiteren benennen wir die der Fortbewegung überlagerte translatorische Schiffsbewegung in X-Richtung (SURGE), die translatorische Seitenverschiebung in Y-Richtung (SWAY) und die Tauch- und Hebebewegung in Z-Richtung (HEAVE), sowie das Schlingern und Taumeln (LURCHING) um eine im Bugpunkt gedachte vertikale Rotationsachse.

Problembeschreibung
Surfboards vom Stand der Technik können nicht beliebig skaliert werden. Insbesondere ein Downsizing zu einem Body-Board gelingt nichtunmittelbar, weil das Surfboard in erster Linie als aufgleitende Schwimmgeräte konstruiert und betrieben werden. Bei extremem Verkleinerung ist das für geringe Geschwindigkeiten erforderliche Auftriebsvermögen zu gering. Surfboards und Body-Boards, von ihrer Art her Halbtaucher in Konstruktion und Betrieb, sind nicht Stand der Technik.

Bei Leit- und Steuerflächen von Seefahrzeugen, wie etwa Surfboardfinnen und anderen fluidmechanisch wirksamen, Querkraft erzeugenden Tragflächen taucht das Problem der beidseitigen fluidischen Beaufschagbarkeit im Betrieb auf. Deshalb haben Leit- und Steuerflächen, von Seefahrzeugen im Allgemeinen symmetrische Profile. Dies gilt auch für am Surfboard zentral angeordnete Finnen.

Bei hohen Geschwindigkeiten kommt es bei Surfboards mit Finnen vom Stand der Technik zum Strömungsabriss und zu unkontrollierter Querkrafterzeugung am Finnensystem. Das Seefahrzeug büßt die Resistenz gegen das Schlingern (LURCHING Stabilität) in einem hohen Maße oder sogar vollständig ein.

Problemlösung

Ein Surfboard respektive Body-Board wird skaliert und als Halbtaucher ausgeführt. Eine groß dimensionierte Lateralfläche leistet ausreichend Beitrag leistet das Board zu stabilisieren. Hierzu wird das Unterwasserbauteil des Body-Boards nach Anspruch 1 als fluiddynamisch wirksames Leitsystem ausgeführt, das nur in geringem Masse Querkraft erzeugt, aber durch sein besondere Gestalt, die Strömung im Nachlauf vorteilhaft formt. Die besondere Gestalt und Bauweise sei Rail-Fin-Intergration, RFI benannt.

Erreichbare Vorteile

Ein Stabilitätsmerkmal von Surfboards respektive Body-Boards ist die Resistenz gegen Schlingern in Fahrt. Die LURCHING-Resistenz kann über die Rail-Fin-Intergration, RFI des Unterwasserbauteils des Surfboards beeinflusst werden. Die LURCHING-Resistenz ist der entscheidende Faktor zur Richtungsstabilität des Surfsystems in Fahrt. Durch die Skalierung ist das Surfboard respektive Body-Board kürzer als jene vom Stand der Technik und damit transportfreundlich. Dies ist von wirtschaftlichem Vorteil.

Aufbau, bauliche Ausführung und Wirkungsweise

Fluidmechanisch wirksame Leit- und Steuertragflächen sind in der Regel profiliert ausgeführt. Die bauliche Ausführung und die Wirkungsweise betrifft ein Unterwasserbauteil, das bei hohen Geschwindigkeiten des fluidmechanischen Nachlauf des Unterwasserbauteils nach Anspruch 1 vorteilhaft formt.

Der bugwärtige, schienenförmige Bereich RAIL, der heckwärtige, Bereich FIN und das Surfboards respektive Bodfy-Boards BOA bilden eine organisatorische und konstruktive Einheit. Die schematische Skizze FIGUR 1 zeigt den baulichen Zusammenhang des Boards mit dem Unterwasserbauteil, insbesondere die Rail-Fin-Intergration, RFI.

Schiene RAIL und Finne FIN sind kompakt und robust und aus widerstandsfähigen, ggf. natürlichen und recyclingfähigen Materialien gefertigt.

Liste der Konstruktionskomponenten
BOA   Surfboard respektive Body-Board Grundkörper
FIN   Finne im Heckbereich des Unterwasserbauteils
RAIL   Schiene um Bugbereich des Unterwasserbauteils

Schnittebenen in den Darstellungen
S1   Schnittebene 1 (Board und RAIL-Bereich des Unterwasserbauteils)

TS2	Teilschnittebene 3 (RAIL-Bereich des Unterwasserbauteils)
TS3	Teilschnittebene 3 (RAIL-Bereich des Unterwasserbauteils)
TS4	Teilschnittebene 4 (FIN-Bereich des Unterwasserbauteils)

Bauweisen und Bauausführungen der Anmontage des Unterwasserbauteils an ein Surfboard sind nicht Gegenstand der Erfindung.

Das Body-Board kann mit Halteschlaufen und einer Bergekausch im Bugbereich ausgestattet werden.

Wirkungsweise. Das Surfboard respektive Body-Board BOA wird als Halbtaucher betrieben. Da es bei hohen Geschwindigkeiten bei Finnen vom Stand der Technik zum Strömungsabriss kommt, zu unkontrollierter Querkrafterzeugung am Finnensystem besteht die Gefahr zu Schlingern (Einbuße der LURCHING Stabilität).

Das Unterwasserbauteil des Surfboards respektive Body-Boards BOA nach Anspruch 1 formt die Strömung im Nachlauf vorteilhaft zu einem kompakten Wirbel, der vom Heck des Unterwasserbauteils kompakt in den Nachlauf abfließt. Der Kompakte Wirbel bindet allerdings einen großen Teil der zur Voranfahrt des Surfsystems aufgebrachten Energie, führt aber auf der anderen Seite zu einer hohen LURCHING Stabilität. Beim Surfen in der Welle steht dem Surfsystem in den meisten aller Betriebszustände ein Überschuss an (Antriebs-) Energie zur Verfügung.

FIGUR 1

Ansprüche

(1) Halbtaucherboard respektive Body-Board und Unterwasserbauteil, das die klassische Finne vom Stand der Technik substituiert, dadurch gekennzeichnet,
dass es im Bugteil die Konstruktionsweise einer Schiene (RAIL) und ein Heckteil in Gestalt einer Finne (FIN) besitzt.

(1) Unterwasserbauteil für Halbtaucherboards respektive Body-Boards nach Anspruch 1 dadurch gekennzeichnet,
dass Schiene und Finne kompakt und robust sind und aus widerstandsfähigen, natürlichen und recyclingfähigen Materialien gefertigt werden.

(1) Unterwasserbauteil für Halbtaucherboards respektive Body-Boards nach Anspruch 1 dadurch gekennzeichnet,
dass die Bauweise die Resistenz des Halbtaucherboards gegen die so genannte LURCHING-Bewegung des Surfsystems verbessert.

BEI GRIN MACHT SICH IHR WISSEN BEZAHLT

- Wir veröffentlichen Ihre Hausarbeit, Bachelor- und Masterarbeit

- Ihr eigenes eBook und Buch - weltweit in allen wichtigen Shops

- Verdienen Sie an jedem Verkauf

Jetzt bei www.GRIN.com hochladen und kostenlos publizieren